MÉMOIRE

SUR

LA CULTURE DU PÊCHER.

Par P. GRUET, Jardinier-Pépiniériste.

A PARIS,

Chez Madame HUZARD, Libraire, rue de l'Eperon, n.º 7.

A METZ, { chez THIEL, Libraire, place Saint-Jacques, n.º 4.
chez L. DEVILLY, Libraire, rue du Petit-Paris.
chez l'Auteur, rue Derrière-Saint-Eucaire, n.º 11.

1824.

L'approbation que la Société savante de Metz a donnée à ce petit ouvrage, m'engage à le publier. Je n'y dirai peut-être rien de nouveau ; mais aussi je n'y dirai rien qui ne soit fondé sur l'expérience. Depuis dix ans que je cultive des pêchers, j'ai pu faire des observations utiles ; en les communiquant au public, j'aurai rempli mon but, si j'attire l'attention sur une partie du jardinage qui me semble trop négligée.

DE LA CULTURE DU PÊCHER.

CHAPITRE PREMIER.

DE LA GREFFE.

LE pêcher se greffe en écusson à œil dormant, depuis la fin de juillet jusqu'au moment où la seconde sève s'arrête. On place l'écusson à six ou huit pouces de terre, afin que la greffe ne soit pas exposée à être enterrée. La greffe à œil dormant ne pousse qu'au printemps de l'année suivante; alors on rabaisse le sauvageon, mais seulement à trois pouces au-dessus de la greffe : la greffe pourrait se dessécher, si de suite on rabattait juste au-dessus; à l'automne on coupe le chicot.

Les sujets sur lesquels on greffe ordinairement le pêcher, sont l'amandier et le prunier. Le pêcher greffé sur l'amandier acquiert de plus grandes dimensions; mais l'amandier, dont les racines sont pivotantes, ne réussit que dans des terrains secs et profonds. Dans des terres humides ou peu profondes, comme le sont en général les terres des environs de Metz, il faut employer le prunier, dont les racines traçantes restent à la surface du sol.

Parmi les pruniers, celui qui paraît mériter la préférence est le prunier appelé vulgairement *ol-rossier*.

CHAPITRE SECOND.

DE LA PLANTATION DU PÊCHER.

Long-temps avant de planter les pêchers, on dispose les trous, afin que la terre qu'on en extrait reçoive les influences de l'air; on la remue souvent.

Les trous auront quatre pieds carrés sur trois pieds de profondeur. Le peu de dimension qu'on leur donne généralement peut expliquer pourquoi les arbres languissent après quelques années de végétation; les racines atteignent bientôt une couche de terre qui n'a pas été remuée, elles y pénètrent difficilement; d'ailleurs, cette couche de terre peut être d'une mauvaise qualité.

Quant à la distance à laisser entre les trous, elle sera calculée d'après la hauteur des murs; en général, on plante dans notre pays à la distance de sept ou huit pieds; cette distance ne peut pas suffire si les arbres ont de la vigueur. Il faut planter à douze pieds de distance si le mur a huit ou neuf pieds de haut (1); à dix-huit, s'il n'en a que

______

(1) Dans ce cas, on peut mettre une demi-tige entre chaque pêcher.

cinq ou six (1). Si l'on plante trop près, les branches se rencontrent au bout de quelques années; il faut sans cesse les raccourcir, ce qui détruit toute l'économie de la végétation.

Si la terre que l'on extrait des trous n'est pas substantielle (2), on l'amende en y mêlant du fumier bien consommé (3), du terreau, de la terre de gazon, du sable gras, de la terre comme on en trouve dans les basses-cours, sous les vieux dépôts de fumier......... Quelques jours avant de planter, on passe à la claie, et l'on comble les fosses, qu'on élève de trois ou quatre pouces au-dessus du sol, afin qu'après l'affaissement tout soit de niveau.

Les trous disposés, il faut s'occuper de la plantation : l'époque de l'année la plus favorable est l'automne; au printemps la sève est en mouvement, et les racines n'ont pas de temps pour s'affermir. D'ailleurs, à l'automne on a le choix parmi un plus grand nombre d'arbres. Il est très-important de choisir des arbres vigoureux : des arbres plantés faibles s'en ressentent toujours. Je con-

---

(1) Ces distances, de 12 et de 18 pieds, seront augmentées d'un tiers si les pêchers sont greffés sur amandier.

(2) On ne se sert plus de la terre sortie des trous, si déjà l'on y a cultivé des arbres de l'espèce du pêcher; à plus forte raison, si des arbres de cette espèce y ont péri.

(3) Si le fumier n'était pas bien consommé, la fermentation qui pourrait s'y mettre nuirait aux racines.

seille aux propriétaires de se rendre dans la pépinière; ils y choisiront eux-mêmes leurs arbres; ils
veilleront à ce qu'on les arrache avec soin, et si
les arbres ne doivent pas être replantés bientôt,
ils feront empailler les racines : ces précautions
négligées rendraient les autres moins utiles.

Les arbres arrivés à leur destination, on doit
les replanter aussitôt; mais, avant, il faut examiner
l'état des racines. S'il y a des racines qui aient
souffert, on en retranche la partie malade; quant
à celles qui sont intactes, on les laisse dans toute
leur longueur. Cependant, comme il est reconnu
que le côté qui a le plus de grosses racines pousse
plus de branches que l'autre, pour faciliter la
forme de l'arbre, il convient de les proportionner.
Si donc un côté de l'arbre avait une grosse racine
de plus que l'autre, il faudrait la supprimer. Si
les grosses racines se trouvaient du même côté,
il faudrait mettre ce côté en avant, sans s'inquiéter
comment la greffe est tournée : la majeure partie
des branches poussera sur le devant de la tige;
mais, en palissant, on les tirera autant d'un côté
que de l'autre.

Je n'ai rien dit des petites racines appelées le
chevelu. Quelques personnes sont dans l'usage
d'en supprimer une partie; c'est nuire évidem-
ment à l'arbre : c'est le chevelu qui pompe les

sucs de la terre; il les transmet aux grosses racines, qui, à leur tour, les transmettent à l'arbre.

Les racines visitées avec soin, on plante l'arbre
à six ou huit pouces du mur, afin de laisser aux
branches de l'espace pour grossir; on tourne la
greffe du côté du mur, et on la tient élevée de
trois ou quatre pouces au-dessus du sol, afin qu'elle
ne soit pas exposée à être enterrée. Si le pêcher
qu'on plante est greffé sur prunier, en enfonce
les racines pour qu'elles donnent moins de reje-
tons; on relève les racines de l'amandier, qui s'en-
foncent assez d'elles-mêmes.

La plantation faite, on arrose afin d'affaisser
la terre sur les racines; en pressant avec les pieds,
comme c'est l'usage, on durcit la terre, qui devient
moins pénétrable aux racines et plus sujette à se
crevasser. On ne rabat les branches qu'au printemps de l'année suivante. (Voyez chapitre 3,
Taille du premier printemps.)

Nous n'avons rien dit de l'exposition qui con-
venait aux pêchers : on plante les pêchers tardifs
au midi, les pêchers précoces au levant; quelques
espèces peuvent être mises au couchant.

CHAPITRE TROISIEME.

TAILLE. — ÉBOURGEONNEMENT. — PALISSAGE.

Observations préliminaires.

Toutes les branches du pêcher sont branches à fruit à leur seconde année de pousse, et seulement à cette seconde année (1); mais toutes les branches du pêcher n'acquérant pas les mêmes dimensions; ne sont pas également propres à devenir ensuite branches à bois (2).

On conçoit qu'il est important de reconnaître les branches à fruit qui pourront devenir branches à bois : on les appelle branches à fruit-à-bois, et les autres, petites branches à fruit. Voyons comment on les distingue à l'époque de la taille (3)

____

(1) Ainsi, les branches qui ont poussé l'année dernière pourront donner du fruit cette année, et n'en pourront plus donner l'année prochaine.

(2) On appelle branches à bois les branches qui forment le corps de l'arbre : ce sont, comme on le voit, des branches à fruit qui ont plus de deux ans.

(3) On commence la taille dans les premiers jours du printemps: il ne faut pas attendre que l'arbre soit en fleurs, la sève est alors

et à l'époque de l'ébourgeonnement (1), lorsque les branches, dans leur première année de pousse, ne sont encore que bourgeons.

A l'époque de l'ébourgeonnement, les bourgeons à fruit-à-bois ont quelques pouces de longueur; les petits bourgeons à fruit sont si courts, qu'ils ne forment souvent qu'un petit bouquet de feuilles.

A l'époque de la taille, les branches à fruit-à-bois, remarquables par leurs dimensions, sont entourées de boutons à fleurs et de boutons à feuilles, mêlés diversement entr'eux. Les petites branches à fruit, qui sont de deux espèces, ou n'ont pas plus de trois pouces, et alors elles sont entourées de boutons à fleurs, avec un bouton à feuilles ordinairement au milieu, ou ont un peu plus de trois pouces, et alors elles sont entourées de boutons à fleurs, avec un seul bouton à feuilles

_____

trop en mouvement; en outre, on court le danger de faire tomber une partie des fleurs.... Il faut commencer la taille aussitôt que les boutons sont assez formés pour qu'on puisse distinguer les boutons à fleurs des boutons à feuilles : les boutons à feuilles sont allongés; les boutons à fleurs sont ronds et cotonneux.

(1) La taille nommée l'ébourgeonnement, qui consiste à supprimer les bourgeons inutiles pour reporter toute la sève dans les bourgeons conservés, commence vers la fin de mai; on attend jusqu'à cette époque, afin que les bourgeons ayant déjà pris quelque développement, on puisse faire un choix de bourgeons vigoureux; d'ailleurs, il faut pouvoir distinguer les bourgeons à fruit-à-bois des petits bourgeons à fruit.

à leur extrémité, et quelquefois un second près de leur origine.

Maintenant que nous sommes en état de distinguer entr'elles les branches à fruit-à-bois et les petites branches à fruit, parlons de la manière d'élever le pêcher. Nous suivrons cet arbre pendant ses quatre premières années de végétation. Ce que nous pourrions dire sur les autres années ne serait qu'une répétition.

PREMIÈRE ANNÉE DE VÉGÉTATION.

Taille du premier printemps (fig. 1.re (1).

La branche a été rabattue à six pouces. Il suffit de lui laisser quatre ou cinq boutons. Il faut que la taille soit faite en bec de flûte et au-dessus d'un bouton bien sain (*premier principe* (2).

Ébourgeonnement du premier printemps.

A l'ébourgeonnement, on choisit parmi les bourgeons à fruit-à-bois ceux qu'on destine à former

---

(1) Le pêcher que nous avons choisi pour modèle est garni d'une seule branche; c'est le cas le plus ordinaire.

(2) On trouvera plus loin l'explication des principes.

les branches principales (1). Pour élever les pêchers de la manière que nous allons enseigner (2), on ne conserve que deux bourgeons.

Quelque longueur que prennent les bourgeons destinés à former les branches principales, on ne les raccourcit pas avant le printemps de l'année suivante (2.ᵉ *principe*). Si l'un de ces bourgeons poussait plus fort que l'autre, on l'arquerait et l'on donnerait au faible une direction verticale (3.ᵉ *principe*).

DEUXIÈME ANNÉE DE VÉGÉTATION.

Taille du second printemps (fig. 2.ᵉ).

Les bourgeons I, formant maintenant les branches principales, ont été rabattus à dix pouces de longueur. On conçoit que ce n'est pas une règle : il faut tailler les branches suivant leur force, c'est-à-dire, celles qui sont plus fortes plus longues

(1) Ce sont les branches qui supportent toutes les autres ; elles doivent toujours être dominantes en force.

(2) Cette manière, déjà connue, nous paraissant la meilleure, nous croyons inutile d'indiquer les autres ; d'ailleurs, la nature ne se prête pas à tous ces systèmes réguliers ; il ne faut donc pas trop s'y attacher. Diriger les pêchers d'après leurs dispositions particulières, c'est à quoi l'on doit tendre.

que celles qui sont plus faibles (4.ᵉ *principe*).
Je répète l'observation déjà faite, de placer la taille
au-dessus d'un bouton bien sain (1.ᵉʳ *principe*).

Ébourgeonnement du deuxième printemps.

Les branches principales I se garnissent de bourgeons à fruit-à-bois et de petits bourgeons à fruit;
à l'ébourgeonnement, on choisit des bourgeons
à fruit-à-bois, placés autant que possible en-dessus
et en-dessous de ces branches (1). Ces bourgeons,
qui sont destinés à former les branches secondaires (2), étant choisis, on supprime les autres
bourgeons à fruit-à-bois (3); on conserve les petits
bourgeons à fruit (4).

---

(1) Si des bourgeons placés sur le devant ou sur le derrière des
branches étaient préférables sous les autres rapports, on en fe-
rait choix, sauf à les diriger ensuite par le palissage.

(2) Les branches secondaires sont ainsi nommées, parce qu'elles
sont implantées sur les branches principales; d'ailleurs, comme
on va le voir, la manière de les diriger est la même; à cet égard,
nous ne ferons que nous répéter.

(3) Les bourgeons à fruit-à-bois jugés inutiles doivent être sup-
primés en entier; ne faire que les raccourcir, c'est provoquer de
nouveaux bourgeons. En supprimant des bourgeons à fruit-à-bois,
on a soin de ménager les petits bourgeons à fruit qui peuvent se
trouver à leur origine.

(4) Si deux petits bourgeons à fruit sont unis à leur origine,
on en supprime un; on supprime également ceux qui sont trop
mal placés; mais il faut être circonspect dans la suppression des
petits bourgeons à fruit, le bois, lorsqu'il a deux ans, n'en pro-
duisant plus guère de nouveaux.

Quelque longueur que prennent les bourgeons destinés à former les branches secondaires, on ne les raccourcit pas avant le printemps de l'année suivante (2.ᵉ *principe*). Si parmi ces bourgeons quelques-uns poussaient plus fort que les autres, on les arquerait et l'on donnerait aux faibles une direction verticale (3.ᵉ *principe*).

TROISIÈME ANNÉE DE VÉGÉTATION.

Taille du troisième printemps (fig. 3.ᵉ).

Les bourgeons A, formant maintenant les branches secondaires, ont été rabattus à dix pouces de longueur. On conçoit que ce n'est pas une règle : il faut tailler ces branches suivant leur force (4.ᵉ *principe*), et celles qui sont en-dessous plus courtes que celles qui sont en-dessus (5.ᵉ *principe*); appliquez, d'ailleurs, le premier principe.

Quant aux petites branches à fruit implantées sur les branches principales I, voici comme on les traite : celles de la première espèce, qui sont entourées de boutons à fleurs avec un bouton à feuilles ordinairement au milieu, sont laissées telles qu'elles sont, ou rabattues au-dessus d'un bouton à feuilles (5.e *principe*), en leur laissant trois ou quatre boutons à fleurs ; celles de la seconde espèce, qui donnent rarement du fruit (1), sont supprimées en entier lorsqu'elles n'ont qu'un seul bouton à feuilles à leur extrémité ; lorsqu'elles ont un second bouton à feuilles près de leur origine, on les rabat sur ce bouton à feuilles que l'on destine à produire une branche à fruit pour l'année suivante.

Ébourgeonnement du troisième printemps.

Les branches secondaires A se garnissent de bourgeons à fruit-à-bois et de petits bourgeons à fruit ; à l'ébourgeonnement, on choisit des bourgeons à fruit-à-bois placés autant que possible en-dessus et en-dessous de ces branches (2), et distans d'au moins six pouces ; on supprime les autres bourgeons à fruit-à-bois (3) ; on conserve les petits bourgeons à fruit (4).

---

(1) On en trouvera la raison dans l'explication du 6.e principe.
(2) Voyez la note 1.re de la page 15.
(3) Voyez la note 3 de la même page.
(4) Voyez la note 4 de la même page.

QUATRIÈME ANNÉE DE VÉGÉTATION.

Taille du quatrième printemps (fig. 4.e).

Les branches à fruit-à-bois implantées sur les branches secondaires A, ont été rabattues à cinq pouces de longueur; il suffit de leur laisser trois, quatre ou cinq boutons à fleurs, en ayant soin de placer la taille au-dessus d'un bouton à feuilles (6.e *principe*); d'ailleurs, en taillant ces branches, il faut avoir égard à leur force et à leur position (4.e et 5.e *principes*).

Quant aux petites branches à fruit implantées sur les branches secondaires A, nous avons dit comment on les taillait, fin de la page 16.

Quant aux petites branches à fruit implantées sur les branches principales I, comme elles ont porté du fruit l'année dernière, et que les branches à fruit n'en portent qu'une fois, on les rabat sur un des bourgeons qu'elles ont donnés (7.e *principe*); ces bourgeons, qui cette année sont branches à fruit, se taillent comme il a été enseigné, fin de la page 16.

Une observation à faire, c'est qu'en rabattant

des branches à fruit qui ont porté, on doit les rabattre sur le bourgeon le plus près de leur origine (8.ᵉ *principe*).

Ébourgeonnement du quatrième printemps.

Les branches à fruit-à-bois O, implantées sur les branches secondaires, se garnissent de bourgeons de toutes espèces; à l'ébourgeonnement on en supprime quelques-uns, afin qu'il n'y ait pas de confusion et que les fruits aient de l'air (1).

A la taille du cinquième printemps, ces branches à fruit-à-bois O, vu le peu d'espace laissé entre les branches secondaires A, seront traitées comme les petites branches à fruit, c'est-à-dire qu'on les rabattra sur un des bourgeons à fruit-à-bois qu'elles auront donnés l'année précédente; on choisira le bourgeon le plus près de leur origine (7.ᵉ *et* 8.ᵉ *principes*).

Nous avons suivi le pêcher pendant ses quatre premières années de végétation; mais nous n'avons fait qu'indiquer la manière de traiter les bourgeons I, formant les branches principales, et les

---

(1) Le même soin est à prendre pour les petites branches à fruit, ce que nous n'avions pas encore trouvé l'occasion de dire.... En ébourgeonnant des branches à fruit, il faut ménager le bourgeon qui se trouve le plus près de leur origine, puisque c'est sur ce bourgeon qu'il conviendra de rabattre au printemps de l'année suivante (8.ᵉ *principe*).

bourgeons A, formant les branches secondaires : les bourgeons 2, 3, continuant les branches principales, et les bourgeons B, continuant les branches secondaires, seront taillés et ébourgeonnés d'après les mêmes principes (1); seulement, quand l'arbre occupera tout l'espace qui lui est consacré, les bourgeons qui termineront les branches principales et secondaires seront traités comme les petites branches à fruit (*Voyez les principes* 7 *et* 8).

Une observation que nous ne devons pas oublier de faire, c'est qu'il ne faut avoir aucun égard à la manière dont les branches sont représentées taillées dans les figures. Notre but, dans ces figures, n'a pas été d'indiquer à quelle longueur on devait tailler les branches, mais seulement de donner l'idée d'un système régulier de direction. Il ne faudra donc agir, dans la taille des branches, que d'après les principes déjà exposés et dont nous allons donner une explication.

----

(1) On aura soin de laisser entre les branches secondaires 15 pouces au moins de distance, afin d'éviter la confusion.

EXPLICATION

DES PRINCIPES DE LA TAILLE.

Premier principe.

Il faut que la taille soit faite en bec de flûte et au-dessus d'un bouton ou bourgeon (1). De cette manière, la plaie se recouvre en entier..... Quand des branches sont obliques, il n'est pas indifférent de les rabattre sur un bourgeon du dessus ou du dessous : le bourgeon du dessus s'élevant plus en ligne verticale, la sève, qui tend à monter, s'y porte avec plus d'abondance. Il faut que le bourgeon au-dessus duquel on rabat soit bien sain; c'est, en effet, ce bourgeon qui doit continuer la branche; s'il venait mal, on rabattrait aussitôt sur le bourgeon précédent.

Second principe.

Quelque longueur que prennent les bourgeons, il ne faut pas les raccourcir avant le printemps de l'année suivante. Ces bourgeons trop vigou-

---

(1) Nous emploierons indistinctement ces deux mots, le bouton devenant bourgeon dès qu'il commence à pousser.

reux, qu'on appelle branches gourmandes, sont nécessaires à la circulation de la sève : les raccourcir quand la sève est en mouvement, c'est déranger toute l'économie de la végétation; en effet, la sève, qui ne trouve plus son canal ordinaire, reflue vers le bas, fait partir les boutons cachés dans les aisselles des feuilles et destinés à pousser seulement l'année suivante; ces bourgeons, qui n'ont pas le temps de s'aoûter, sont exposés à périr pendant l'hiver, et les branches à rester dégarnies.

Troisième principe.

Si des bourgeons ne poussent pas également, il faut courber les plus forts et donner aux faibles une direction verticale; de cette manière, la sève, qui tend à monter en ligne droite, s'arrête dans les branches arquées pour se reporter dans les autres avec plus d'abondance. C'est ainsi qu'on maintient l'équilibre.

Quatrième principe.

Il faut tailler les branches suivant leur force, c'est-à-dire, celles qui sont fortes plus longues que celles qui sont faibles. On conçoit, en effet, que les branches plus fortes peuvent nourrir plus de bourgeons et plus de fruits.

Tailler plus ou moins long, suivant les circonstances, c'est le moyen de rétablir l'équilibre quand des branches n'ont pas également poussé. Soient, par exemple, les deux branches A et B (*fig. 5*). B étant la plus forte, je l'ai taillée, l'année dernière, au-dessus du cinquième bouton; j'ai taillé la branche A au-dessus du troisième. La sève ayant eu plus de bourgeons à nourrir dans la branche B, les bourgeons n'ont pas pris plus de développement que les bourgeons de la branche A. Cette année, je rabats la branche B (*figure 6*) sur son troisième bourgeon C, et mes deux branches A et B sont également garnies et de branches également fortes.

En taillant très-court des petites branches à fruit (par exemple, en les rabattant sur un seul bouton à feuilles), toute la sève se portant dans ce bouton pourra produire un bourgeon vigoureux, capable de devenir ensuite branche à bois. C'est le parti qu'on prend quand on a un vide à remplir.

Cinquième principe.

Il faut tailler les branches inférieures plus courtes que les supérieures. C'est par suite de ce principe que la sève, tendant toujours à monter, se porte avec moins d'abondance dans les branches du bas que dans celles du haut.

Sixième principe.

En taillant les branches à fruit, il faut placer la taille au-dessus d'un bouton à feuilles. Il est connu que les arbres ont deux sèves : l'une venant de la terre et pompée par les racines; l'autre venant de l'air et pompée par les feuilles. C'est le rapport d'abondance entre ces deux sèves qui produit de beaux fruits. Lorsque des branches à fruit ne sont pas bien garnies de feuilles, il est très-rare que les fruits nouent, et s'ils ont noué, qu'ils viennent en mâturité.

Septième principe.

Les branches à fruit qui ont porté des fruits doivent être rabattues sur un des bourgeons qu'elles ont donnés. Les branches à fruit n'en donnent qu'une fois, et les bourgeons sur lesquels on les rabat les remplacent.

Huitième principe.

Il faut rabattre les branches à fruit sur le bourgeon le plus près de leur origine. Soit, par exemple, la branche à fruit A (*fig. 6*) qui, l'année dernière, ait donné du fruit et ait poussé trois bourgeons : on rabattra cette branche sur le bourgeon D (1); de cette manière, l'arbre ne se dégarnit pas, et les branches à fruit n'occupent tous les ans que la même place, à peu près.

____

(1) Lequel bourgeon est une branche à fruit pour cette année.

Telles sont les explications des principes géné-
raux de la taille (1); nous renvoyons aux notes
pour ce qui concerne l'ébourgeonnement. Il nous
reste à dire un mot du palissage.

Le palissage est l'action par laquelle on attache
les branches le long des murs. Après la taille,
on palisse avec de l'osier; on ne serre pas trop
les branches, dans la crainte de les couper; on
place l'osier entre deux boutons, et jamais sur
un bouton, dont on empêcherait par là le développement. Tous les ans on renouvelle les osiers;
si les anciens restaient, les branches, en grossis-
sant, ne pourraient pas manquer d'être coupées.
Après l'ébourgeonnement, et dans le reste de l'année, on palisse avec des joncs. Le palissage doit
être lâche, les jeunes bourgeons se coupant et se
cassant facilement.

Nous ne pouvons rien dire de la position à
donner aux branches en les attachant; c'est le
goût qui doit diriger dans cette opération. Il faut
disposer les branches de manière qu'elles ne se
gênent point entr'elles et que les murs soient bien
garnis. Si l'on élève les pêchers d'après le système
indiqué dans ce chapitre, on peut voir par les
figures comment il faut palisser les différentes
branches.

---

(1) Ces principes une fois bien compris, on est en état de faire
prendre aux arbres la forme qui plaît davantage.... Si des arbres

CHAPITRE QUATRIEME.

QUELQUES SOINS.

Pendant les mauvais temps, il faut enlever (1) le givre et la neige qui couvrent les rameaux, dans la crainte que des coups de soleil trop vifs ne les fondent brusquement, et que la gelée ne congèle ensuite cette humidité sur les branches. La transition subite du froid au chaud, et la gelée, lorsqu'elle prend sur l'humidité, causent de grands ravages. Pour les prévenir, le moyen le plus sûr est de couvrir les pêchers de paillassons qu'on laisse à demeure et qu'on enlève quand le froid n'est plus à craindre (2). On dispose ces paillassons comme des toits. Il est inutile qu'ils appuient sur les pêchers et descendent jusqu'à terre; comme le froid n'est vraiment à craindre que lors-

---

avaient été mal dirigés dans le principe, on pourrait essayer de les rétablir, pourvu qu'ils eussent encore de la séve; on commencerait par les débarrasser des chicots, des branches malades et trop mal placées; les branches restant après ces suppressions seront taillées court, de manière à donner des bourgeons vigoureux, capables de bien remplir les vides.

(1) On fait usage d'un balai très-léger, pour ne pas endommager les boutons.

(2) Ces paillassons sont encore fort utiles, en préservant les pêchers de pluies continues survenant à l'époque de la floraison.

qu'il y a de l'humidité, il suffit que les paillassons avancent assez pour garantir les pêchers des pluies et des neiges.

Pendant les chaleurs, on arrose les pêchers; pour empêcher que la terre ne se dessèche trop vîte et ne se crevasse, on jette un peu de fumier sur la plate-bande, à laquelle on donne d'ailleurs de fréquens binages. On couvre la tige du pêcher pour la préserver du soleil qui l'écaille et la fend : une tuile, un bout de planche, servent à cet usage.

Tous les deux ou trois ans, on mêle à la plate-bande du fumier bien consommé. Il est inutile de dire qu'il ne faut rien semer au pied du pêcher.

. . . .

Les taupes, les mulots, les fourmis, en mettant à l'air les racines; les pucerons, en s'établissant sur les feuilles, nuisent beaucoup aux pêchers. Nous allons indiquer quelques moyens de destruction.

Taupes. Le moyen le plus simple pour détruire les taupes, est de les guetter aux époques du jour où elles sont en mouvement (1), et au moment où elles remuent la terre, on les enlève d'un coup de bêche donné en dessous.

Mulots. On place auprès des arbres des vases à moitié remplis d'eau, qu'on enfonce jusqu'au

______

(1) C'est au commencement, au milieu et à la fin du jour.

niveau du sol : les mulots tombent dans ces vases et s'y noient.

Fourmillières. On détruit les fourmillières en les inondant de la composition suivante. Dans six pintes d'eau, qu'il est inutile de faire bouillir, et dans lesquelles vous avez mis une demi-livre de savon noir et deux onces de tabac, vous jetez six autres pintes d'eau, dans lesquelles vous avez fait bouillir, pendant un quart d'heure, une demi-livre de fleur de soufre renfermée dans des sacs de toile claire ; vous remuez ce mélange tous les jours ; plus il devient fétide, mieux il vaut.

Pucerons. Aussitôt qu'on s'aperçoit que des feuilles se recoquillent, résultat de la piqûre des pucerons qui s'y sont établis ou qui y ont déposé leurs œufs, on s'empresse de les couper et de les brûler ; il ne faut pas tarder à faire cette opération, les pucerons se multipliant avec une grande rapidité. Le mélange indiqué contre les fourmis fait aussi périr les pucerons : on les en arrose au moyen d'une seringue dont l'extrémité est percée d'un grand nombre de trous. Quand des pucerons sont établis sur un pêcher, les fourmis, qui les recherchent pour s'en nourrir, ne tardent pas à paraître sur les branches.

(29)

Les pêchers pour lesquels on n'a pas les soins indiqués dans le cours de cet ouvrage, sont sujets à plusieurs maladies. Les principales de ces maladies sont la jaunisse, la cloque, la brûlure et le blanc.

La jaunisse s'annonce par la couleur du feuillage ; la brûlure et le blanc, par la couleur des branches ; l'effet de la cloque est de recoquiller les feuilles, comme le feraient les pucerons (1).

Il n'est pas facile de dire précisément d'où proviennent ces maladies (2). Elles peuvent avoir pour causes la mauvaise qualité du sol, l'humidité, la sécheresse ; l'état de souffrance des racines, que des circonstances quelconques ont exposées à l'air ; des tailles mal faites ou faites mal à propos, et qui ont occasionné la gomme ; enfin le défaut d'air (3).

Renouveler la terre aux pieds des pêchers, en découvrant avec soin les racines ; faire des fossés le long des plates-bandes, pour l'écoulement des eaux ; arroser, et de temps en temps se servir d'eau de fumier ; donner des binages à la plate-bande,

----

(1) Mais le mal est plus général.

(2) Toutefois, il paraît certain que la brûlure provient des gelées de l'hiver ; c'est encore un motif pour couvrir les pêchers de paillassons.

(3) Selon quelques personnes, ces maladies peuvent aussi être le résultat d'un accident de l'air.

pour combler les crevasses qui mettent les racines à l'air; enlever la gomme, et recouvrir les plaies avec l'onguent de Saint-Fiacre (1); dépalisser, afin que les arbres aient plus d'air, tels sont les remèdes qu'on peut appliquer suivant les circonstances.

Dans le cas du blanc et de la brûlure, il faut en outre rabaisser les branches jusqu'à deux ou trois pouces au-dessous de leur partie malade; si, malgré ces précautions, le blanc et la brûlure reparaissaient, il ne faudrait plus essayer de rétablir l'arbre; on s'empresserait de le remplacer.

Ici se termine ce que nous croyons devoir dire sur la culture du pêcher. Nous aurions pu surcharger notre travail d'une foule de petites observations; mais nous pensons qu'il est facile d'y suppléer, si l'on veut nous lire avec soin.

---

(1) Ou mieux le mastic de Forsith, dont voici la composition :

Une partie de vieux plâtras, une partie de cendres de bois, un huitième de sable de rivière (bien tamisés), et deux parties de bouse de vache. Ces matières mêlées ensemble, on les délaie avec de l'urine et de l'eau de savon, jusqu'à consistance de mortier. On applique de ce mortier sur les plaies, et pour le faire sécher on y répand à deux ou trois reprises de la poudre composée d'os brûlés et de quatre fois autant de cendres de bois.

Avant d'appliquer le mastic, il faut avoir soin de bien nettoyer les plaies, jusqu'à ce qu'on arrive au bois vif et sain. Si c'est une branche que l'on a sciée, il faut rafraîchir la plaie avec la serpette, de manière à ce qu'elle présente une surface bien unie.

Noms des différentes espèces de pêches, avec le temps de leur maturité.

PÊCHES DU MOIS D'AOUT.

Avant-pêche blanche. Arbre maigre et délicat; feuilles bordées de grandes dents; fleurs très-pâles; fruit petit, arrondi, toujours à gros noyau, sucré, mais pas toujours parfumé; mûrit en juillet; n'est cultivé que pour sa précocité.

Avant-pêche rouge. Fruit moins petit, rouge vif, sucré; mûrit au commencement d'août.

Avant-pêche jaune. Sa chair, de couleur jaune doré, est fondante, et son eau est douce et sucrée.

Double de Troyes, ou petite mignonne. Espèce fertile; feuilles menues et blondes; fruit rond, coloré d'un rouge vif du côté du soleil; sa chair est ferme et blanche, et son eau abondante, un peu sucrée et vineuse.

Alberge jaune. Arbre très-fertile; feuilles à petites dents; sa peau, chargée d'un duvet fauve, couvre une chair de couleur jaune vif, et se colorant d'un rouge foncé; chair très-rouge près du noyau, ferme, sucrée et vineuse.

Roussanne. N'est qu'une variété de la précédente.

Magdeleine blanche. Arbre vigoureux; feuilles bordées de grandes dents; fleurs pâles; fort supérieure à l'alberge jaune; chair blanche, fine et fondante, sucrée et musquée.

Pourprée hâtive. Fleurs d'un rouge très-vif; fruit gros, coloré; chair fine et fondante, vineuse et relevée.

Grosse mignonne. Fruit gros, arrondi, creusé au sommet par un large sillon qui le divise en deux lobes; noyau petit; peau jaune, mais d'un rouge foncé du côté du soleil, et se détachant aisément de la chair, qui est fine, fondante, sucrée, vineuse et délicate.

Vineuse de Fromentin. Variété de la grosse mignonne, plus grosse et très-bonne.

Chevreuse hâtive. Fruit gros, un peu allongé, jaunissant de bonne heure et se marbrant de rouge vif du côté du soleil; sa chair est blanche, fine et très-fondante, et son eau douce et très-sucrée.

Belle-garde, Galande. Arbre vigoureux et fertile, un des moins susceptibles de la gelée, et dont les fruits se gâtent le moins par la pluie; ils sont de moyenne grosseur et tellement colorés qu'ils en paraissent presque noirs; variété de l'Admirable rouge.

Pêche des prés. Fleurs pâles; fruit moyen, d'un blanc jaunâtre, à peine marbré du côté du soleil.

PÊCHES DU MOIS DE SEPTEMBRE.

Pavie alberge, *pavie jaune*. Fruit très-gros et fort beau; peau et chair jaunes avant la maturité; le côté du soleil se colore d'un rouge très-foncé; chair très-fondante et succulente.

Magdeleine rouge, *Magdeleine de Curson*. Espèces très-vigoureuses; feuilles dentées; fleurs pâles; très-gros fruit, d'un beau rouge; chair ferme, sucrée, vineuse et relevée.

Pêche de Malte ou Belle de Paris. Feuilles à grandes dents; fleurs pâles; fruit de moyenne grosseur, applati en-dessous, légèrement marbré de rouge du côté du soleil; chair la plus fine et la plus délicate de toutes les pêches, quand elle réussit bien. Cette pêche est une variété de la Magdeleine blanche.

Pêcher à fleurs semi-doubles. On cultive plus cet arbre pour la beauté de ses fleurs que pour son fruit, qu'il donne à la mi-septembre, quoiqu'il soit très-bon.

Téton de Vénus. Fruit très-gros, peu coloré, surmonté d'un gros mamelon; chair fine et agréable; son eau a un parfum très-fin.

Bourdine ou Narbonne. Fleurs mal faites et pâles; fruit gros, arrondi, quelquefois mamelonné au sommet, lavé de rouge foncé du côté du soleil; chair fine et fondante, eau vineuse et d'un goût excellent; noyau petit et gonflé; elle est très-productive.

Pêche-cerise. Petit arbre délicat; feuilles étroites; fruit gros comme une prune de Reine-Claude, couleur rouge de cerise, ayant une petite pointe au sommet; elle a la chair un peu citrine, et son eau est un peu insipide.

Brugnon violet musqué. Sa chair est ferme et presque jaune, et son eau, d'un goût excellent, est vineuse, masquée et sucrée.

Admirable rouge. Arbre vigoureux; fruit très-gros, rond, d'un jaune clair, et d'un rouge vif du côté du soleil; sa chair est ferme, fine, fondante et blanche, et son eau d'un goût sucré et vineux; elle est une des bonnes pêches.

Chevreuse tardive. Espèce très-fertile, fruit très-velu et très-alongé jusqu'au 25 août, alors il s'arrondit et devient d'un rouge pourpre; sa chair est un peu jaunâtre et quelquefois pâteuse, et son eau est assez agréable.

La Chancelière. Variété de la chevreuse hâtive; un peu moins alongée, mais plus tardive et plus sucrée; pêche excellente.

Nivette veloutée. Gros fruit, un peu alongé, vert et d'un rouge foncé, velu; chair ferme, sucrée et relevée; petit noyau; elle est amère dans les terrains froids.

Violette hâtive. Arbre très-productif; fruit gros comme une petite mignonne, jaunâtre et d'un violet obscur du côté du soleil; chair sucrée, vineuse et très-parfumée.

Grosse violette ou violette de Curson. On ne distingue cette espèce de la petite que par le fruit une fois plus gros et plutôt marbré que lavé de rouge violet; sa chair est blanche, fondante et moins vineuse.

Brugnon musqué. Fruits aussi volumineux que ceux de la grosse violette, mais d'un rouge plus clair et plus vif du côté du soleil; chair jaune, vineuse et musquée.

Magdeleine à moyennes fleurs, ou Magdeleine rouge tardive à petites fleurs. Arbre moins fort que la Magdeleine de Curson; feuilles aussi dentées; fruit plus petit et moins rond, très-rouge, plus vineux, excellent et ne manquant presque jamais.

Belle de Vitry, Admirable tardive. Sa chair fine, ferme et succulente, jaunit en mûrissant; son eau est d'un goût relevé et très-agréable.

Teindoux. A la chair fine et blanche, l'eau sucrée et d'un goût très-agréable.

Royale. Réunit le caractère de l'Admirable et du Téton de Vénus. Elle ne mûrit souvent qu'au commencement d'octobre.

PÊCHES DU MOIS D'OCTOBRE.

Pourprée hâtive. Mûrit au commencement d'octobre; sa chair est succulente, et son eau douce et d'un goût relevé.

Violette tardive. Marbrée, panachée; sa chair tire sur le jaune, et son eau est très-vineuse dans les automnes chauds et secs.

Jaune lisse ou Roussanne. Fruit petit, à peau jaune, un peu lavé de rouge; il a le goût d'abricot.

Admirable jaune abricotée, pêche d'abricot. Grosse pêche jaune; sa chair est ferme et son eau agréable.

Pavie rouge de Pomponne, Pavie monstrueux. Fleurs assez vives; fruits les plus gros de toutes les pêches, souvent terminés par un mamelon, d'un blanc de cire dans l'ombre, et d'un rouge très-vif du côté du soleil; sa chair est ferme et succulente.

Sanguinale, Betterave, Donselle. Sa chair est rouge comme une betterave et un peu sèche; son eau est âcre et amère.

Pêcher nain. Ne devient pas plus gros qu'un pommier greffé sur paradis. Son fruit très-médiocre, qu'on ne cultive que par curiosité, a la chair succulente, mais son eau est ordinairement sure et amère.

Cardinal de Furstemberg. Fleurs très-pâles; très-gros fruit, d'un rouge terne et obscur en-dehors et rouge marbré en-dedans; fondant, excellent.

Persique. Arbre très-fécond; fruit gros, alongé, chargé de tubercules, d'un beau rouge; sa chair est ferme et succulente, et son eau d'un goût fin, très-agréable. On la confond souvent avec la nivette. Quoique la plus tardive des bonnes pêches, elle est excellente.

Observation.

Il faut toujours planter les espèces les plus tardives au midi, afin de hâter leur maturité. Il pourrait se faire que plusieurs espèces mûrissent plus tôt ou plus tard que les époques que j'ai indiquées : les temps et les terrains y contribuent beaucoup, et n'influent pas moins sur le goût et sur la qualité des fruits.

Description du pêcher de la figure 7.^{e}

Ce pêcher est un arbre de deux ans de greffe, mais qui n'a pas été vendu la première année ; le pépiniériste l'a trappé, c'est-à-dire, en a coupé la tige à six pouces de la greffe, afin de lui faire reproduire de nouvelles branches.

A, greffe de l'arbre ; *B*, branches latérales ; *C*, branches secondaires ; *E*, branches à bois ; *F*, mères branches. Ce pêcher se trouve à Ars, dans le jardin de M. Marin, sur la terrasse, près d'un mur de quatre pieds de hauteur ; voilà pourquoi les branches sont palissées horizontalement et latéralement.

Il y a un inconvénient à planter de ces pêchers qui sont trappés ; c'est qu'ayant été coupés dans la pépinière sans égard à la quantité de boutons qu'on laisse, il peut se faire qu'il y ait plus de boutons d'un côté que de l'autre, ce qui est toujours irrégulier.

Je suppose qu'un pêcher ait été trappé, et qu'il ait deux branches d'un côté et une de l'autre : il faudrait couper la moins forte, afin de rendre l'arbre régulier ; alors on examinerait les boutons des deux branches restantes ; s'ils étaient bons, on taillerait les deux branches sur quatre boutons, afin d'avoir des branches secondaires et des branches latérales. Si les boutons sur lesquels on se dispose à tailler étaient douteux, qu'ils fussent noirs au bout, il faudrait tailler sur les boutons de plus haut, à moins que la branche ne fût malade ; alors on taillerait sur un ou deux boutons, afin d'avoir de bonnes branches pour établir la direction de l'arbre. Les deux

mères branches seront taillées à la lettre *G*; les branches
à bois seront taillées à la lettre *H*; les deux branches
secondaires seront taillées à la lettre *J*; les deux branches
latérales seront taillées à la lettre *K*. On voit par cette
taille que je donne à mes arbres, que je ne les tiens ni
trop courts, ni trop longs; je leur réserve une grande
quantité de sève, pour faire fortifier l'arbre et pour faire
grossir le fruit; au lieu que les jardiniers, en taillant
d'après leur méthode, ne font pousser à leurs pêchers
que des branches fluettes, et par conséquent incapables
de donner du beau fruit.

Description du pêcher de la figure 8.ᵉ

Ce pêcher a six ans de greffe, et il est planté depuis
quatre ans; il se trouve à Ars-sur-Moselle, dans le jardin
de M. Lacapelle, ancien officier de marine.

A, greffe de l'arbre; *B*, branche latérale; *C*, branche
secondaire; *D*, mère branche; *E*, branche gourmande;
F, branche gourmande qui est convertie en mère branche.
La mère branche est moitié plus petite; mais étant taillée
courte pendant quatre ou cinq ans, elle deviendra aussi
forte que l'autre. *G*, branche à bois qui sera taillée sur
quatre boutons, afin de faire garnir le milieu. *H*, petites
branches crochets qu'on ne doit pas tailler; elles sont
de la longueur de deux à trois pouces : c'est sur ces petites
brindilles que vient le plus beau fruit. *J*, petites branches
à fruit qui seront taillées sur deux boutons, afin de ne
pas les affaiblir. Les jardiniers taillent long sur ces bran—
ches; ensuite, lorsqu'elles sont défleuries, le fruit tombe,
la branche meurt faute de sève, et il se forme des vides
qu'on ne peut plus garnir.

La branche mère du côté gauche sera taillée sur quatre boutons , et les plus petites branches le seront sur deux.

La branche gourmande qui sera convertie en branche mère , sera taillée sur dix boutons , et les quatre principales qui y sont attenues seront taillées sur sept ou huit boutons. La branche gourmande marquée d'un E sera taillée sur huit boutons ; la branche marquée d'un K sera taillée sur trois boutons , au-dessus de leur naissance de la fourche ; toutes les branches du bas seront taillées un peu court, afin de ne pas le dégarnir , parce que la sève se porte avec force vers le haut.

Ce pêcher , qui n'a que quatre ans de plantation , a vingt-deux pieds d'étendue ; tandis que ceux qui sont gouvernés d'après la méthode ordinaire sont toujours chetifs et ne produisent que de très-petits fruits , parce que les arbres sont énervés dans leur jeunesse par les longues tailles et par des charges surabondantes de fruit ; au lieu qu'étant bien garnis de branches , bien préparés et dressés dans leurs premières années de plantation , on a toujours de beaux arbres , et ils ne sont pas exposés à autant de maladies que ceux qui sont appauvris de sève,

A Metz, de l'Imprimerie de Ch. DOSQUET.

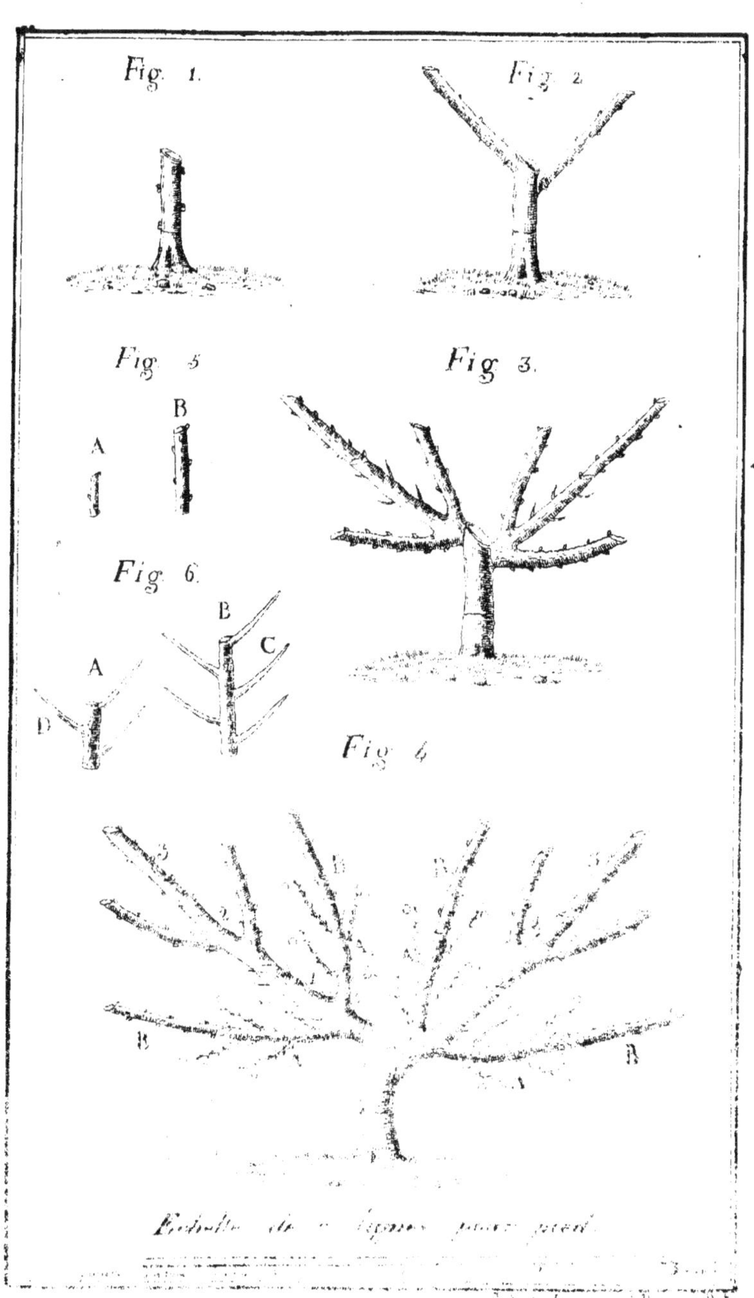
Fig. 1.
Fig. 2.
Fig. 5
B
A
Fig. 6.
B
C
A
D
Fig. 3.
Fig. 4

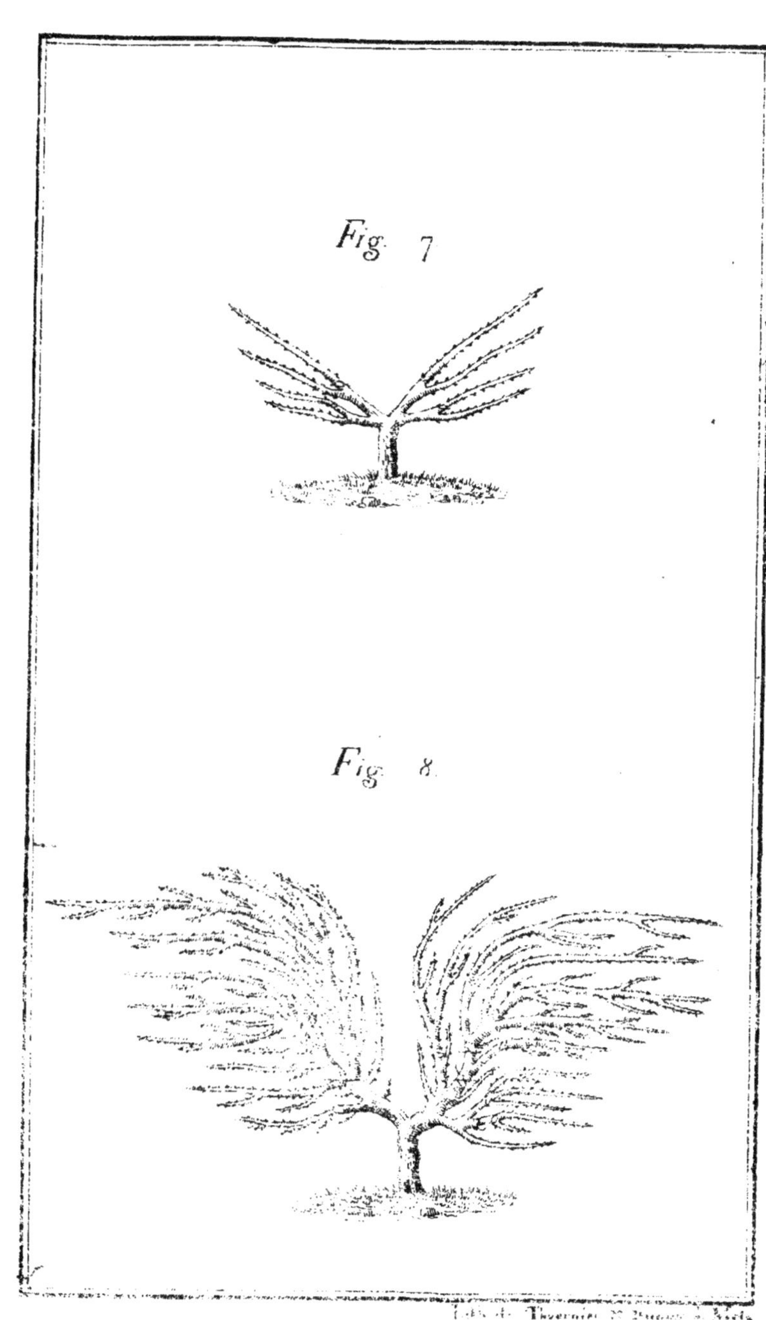

Fig. 7

Fig. 8

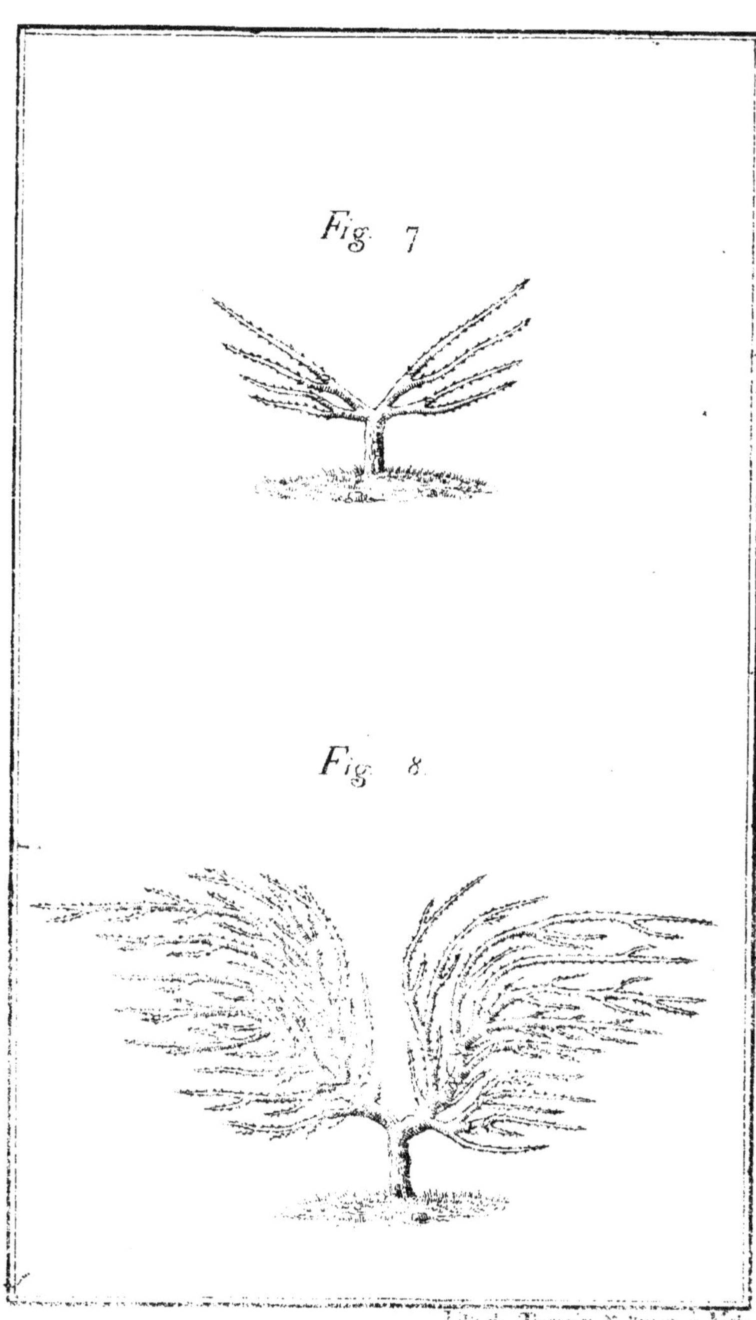

Fig. 7
Fig. 8